Bibliografische Information der Deutschen Nationalbibliothek:

Die Deutsche Bibliothek verzeichnet diese Publikation in der Deutschen Nationalbibliografie; detaillierte bibliografische Daten sind im Internet über http://dnb.d-nb.de/ abrufbar.

Impressum:

Druck und Bindung: Books on Demand GmbH, Norderstedt Germany
ISBN: 9783668936942

Dieses Buch bei GRIN:

https://www.grin.com/document/471434

M. Essina

Der Effekt von süßem Geschmack auf die Prosozialität von Individuen

GRIN Verlag

MSB Medical School Berlin
Hochschule für Gesundheit und Medizin

Fakultät Naturwissenschaften

Bachelorstudiengang Psychologie

Bericht

„Der Effekt von süßem Geschmack auf die Prosozialität von Individuen“

30.09.2018

Inhaltsverzeichnis

1 Abstract

In der vorliegenden Studie handelt es sich um eine Untersuchung zum Thema „Embodiment“. Genauer gesagt habe ich mich mit den Auswirkungen von süßem Geschmack auf die Prosozialität von Menschen beschäftigt. Hierzu standen mir 12 Probanden zur Verfügung, die ich in drei Gruppen (Versuchsgruppe „Süß“, n=4; Kontrollgruppen „Sauer“, n=3, und „Neutral“, n=4) eingeteilt habe. Zur Untersuchung des Zusammenhangs zwischen „Süß“ und Prosozialität habe ich mittels zweier einfaktorieller ANOVA die zwei abhängigen Variablen (Ultimatum Game (UG) und Minuten, die freiwillig zur weiteren Hilfe, angeboten werden) mit den Geschmacksbedingungen verglichen. Die Ergebnisse sind nicht signifikant, weshalb ich mich in meiner Studie nicht für einen Zusammenhang zwischen süßem Geschmack und Prosozialität bei Individuen aussprechen kann. Allerdings ist unter Beachtung der methodischen Mängel und Limitationen darauf hinzuweisen, dass meine Studie (im Gegensatz zu vielen anderen) nicht repräsentativ ist.

2 Theoretischer Hintergrund

„She's a sweetie." „She's sugar." Immer wieder werden diese Metaphern im alltäglichen Sprachgebrauch auf der ganzen Welt verwendet (Chan, Tong, Tan und Koh, 2013), doch wer setzt sich tatsächlich mit deren tieferem Inhalt auseinander? Wer erkennt die Verbindung – im Folgenden Embodiment genannt – zwischen einer konkreten sensomotorischen Quelle (dem Geschmack) und einem abstrakten Begriff (wie „honey" oder „sugar")?

Metaphern mit Bezug auf „Süße" werden meist im interpersonellen Kontext genutzt, sei es in romantischen Beziehungen („she's a sweetheart") oder Freundschaften, aber sie werden auch für spezifische Charakteristika – wie freundlich, helfend oder sich um andere kümmernd – bei Personen verwendet (Meier, Moeller, Riemer-Peltz und Robinson, 2011). Ren, Tan, Arriaga und Chan (2015) haben herausgefunden, dass sogar hypothetische Beziehungen als positiver eingeschätzt werden, wenn der Proband mit einem süßen Stimulus geprimt wurde (anzumerken ist aber, dass aktuell bestehende Beziehungen weder als positiver noch als negativer eingeschätzt werden, der Zusammenhang zwischen „Süße" und positiven Emotionen für andere scheint also nicht ganz eindeutig zu sein).

Neben der „Süß-Metapher" gibt es auch für andere Bereiche Beispiele für Embodiment: so z.B. Schärfe und das Ausmaß von Ärger (Ji, Ding, Deng, Ma, Jing und Jiang, 2013), der Geschmack „Bitter" und die Reaktionsgeschwindigkeit (Chen und Chang, 2011) oder einem Geschmack (durch den Abscheu hervorgerufen wird) und Moral (Eskine, Kacinik und Webster, 2012).

In dieser Studie möchte ich allerdings bei der „Süß-Metapher" bleiben, und den Zusammenhang mit prosozialem Verhalten untersuchen. In dieser Studie und in meinem Sinne beschreibt prosoziales Verhalten die Intention und weiterhin auch darauffolgendes Verhalten, die das Wohlergehen anderer Individuen fördert (Meier et al., 2011).

Meier et al. (2011) haben bereits in ihrer Studie festgestellt, dass es eine Interaktion zwischen der Süß-Präferenz und Persönlichkeit gibt, genauer, dass Personen, die süß mögen, verträglicher sind und mehr prosoziale Intentionen und prosoziales Verhalten zeigen. Aufgrund dessen gibt es laut Autoren auch Hinweise auf eine

Verwurzelung von Prosozialität in der Persönlichkeit. Anzumerken ist trotzdem, dass die Interaktion erst signifikant wird, wenn die Süß-Präferenz hoch ausfällt. Ebendiesen signifikanten Zusammenhang zwischen Verträglichkeit (was folglich für prosoziales Verhalten spricht) und der Geschmackspräferenz „süß" stellten auch Fetterman, Meier und Robinson (2017) in ihrer Studie fest. Der Effekt fällt moderat aus. Es ist außerdem wichtig zu erwähnen, dass eine signifikant negative Korrelation zwischen „Bitter" und Verträglichkeit existiert, und Verträglichkeit neben „süß" mit keinem anderen Geschmack positiv interagiert. Daraus lässt sich ableiten, dass Verträglichkeit und „Süße" spezifisch miteinander verknüpft sind.
Dies scheint nicht nur bei diesen beiden Attributen so zu sein, sondern z.B. auch bei dem Konzept „Schärfe und Ärger" (Ji et al., 2013). Die Autoren haben in ihrer Untersuchung herausgefunden, dass der metaphorische Zusammenhang zwischen „Schärfe und Ärger" eine verkörperte Repräsentation ist, die immer automatisch (also nicht willentlich) ausgelöst wird.
Ein interessanter Aspekt neben der spezifischen Verknüpfung bei verkörperten Metaphern („bodily metaphors") ist auch die Bidirektionalität, die sich in zahlreichen Studien (Eskine et al., 2012; Fetterman et al., 2017; Ji et al., 2013; Lee und Schwarz, 2012; Meier et al., 2011) erkennen lässt. Das bedeutet, dass der körperliche Aspekt und die kognitive Repräsentation in beide Richtungen miteinander verknüpft sind und einander automatisch auslösen. Ren et al. (2015) weisen aber auch darauf hin, dass die Art und Weise der Interaktion zwischen Geschmackstyp und Stimmung noch nicht eindeutig geklärt ist.
Weiterhin bezieht sich die Parallele zwischen den einzelnen Konzepten („Süß-Verträglichkeit", „Bitter-Unverträglichkeit", „Schärfe-Ärger") auch auf die unmittelbaren sozialen Folgen. Diese sind in Bezug auf Schärfe schnellere Verärgerung und Irritierbarkeit sowie eine höhere Extraversionsausprägung der Probanden (Ji et al., 2013), und bei Bitter neben Feindseligkeit sogar Psychopathie und Sadismus (Fetterman et al., 2017); andersherum führt Süße wie bereits erwähnt zu mehr Verträglichkeit, prosozialen Verhalten und positiven Emotionen (Meier et al., 2011; Fetterman et al., 2017).

Es gibt verschiedene Erklärungsansätze, wie Embodiment entsteht. Allen gemeinsam ist aber, dass sie durch kulturell geprägte Aspekte entstehen. Die

bekanntesten Konzepte sind die Perceptual Symbol System Theory von Barsalou (1999) und die „Metapherntheorie“ von Lakoff und Johnson (1999). Beide besagen, dass verkörperte Metaphern aufgrund des häufigen gemeinsamen Auftretens eines körperlichen und theoretischen Faktors zustande kommen. Das bedeutet also, dass die Sprachwahrnehmung in der Entstehung von verkörperten Metaphern eine entscheidende Rolle spielt und dies dadurch kulturell geprägt sein muss.
Die folgende Studie von Gilead, Gal, Polak und Cholow (2015) habe ich hierzu gefunden. Bekannt ist, dass sich die präverbale (und westliche) Variante für die Verknüpfung von Süß und Positivität und Schärfe für negative Eigenschaften ausspricht. Da die Autoren allerdings herausgefunden haben, dass Schärfe in Israel für intellektuelle Kompetenz und soziale Ziele, und Süße für Falschheit und fehlender Authentizität stehen, schließen die Autoren auf eine kulturell geprägte Variante.

Bisher gibt es zwar Erklärungsansätze für das Entstehen von Embodiment, allerdings denke ich, dass es aufgrund der Reichweite, in der „bodily metaphors“ genutzt werden (Chan et al., 2013), und den konkreten gesellschaftlichen Folgen, wichtig ist, sich tiefergehend auf empirischer Basis mit den zugrundeliegenden körperlichen Faktoren von Prosozialität zu beschäftigen. Der Fokus der Studie liegt auf dem Zusammenhang von der kognitiven Repräsentation des Geschmackstyps (genauer „süß“, „salzig“ sowie „neutral“) und Prosozialität.

Die konkrete Forschungsfrage lautet: „Sind Probanden, die einen süßen Stimulus erhalten, prosozialer?“. Für die Beantwortung stelle ich zwei Alternativhypothesen auf:

H1: Probanden, die einen süßen Reiz erhalten, nehmen eher an einer weiteren Studie teil, als Probanden, die einen salzigen oder gar keinen Reiz erhalten.

H2: Probanden, die einen süßen Reiz erhalten, bieten dem Gegenüber im UG höhere Beträge an, als Probanden, die einen salzigen oder neutralen Reiz erhalten.

3 Methoden und Material

Bei unserer Studie handelt es sich um ein einfaktorielles Studiendesign. Als unabhängige Variable habe ich die Geschmacksbedingungen definiert. Die abhängigen Variablen waren in einem Fall der Gesamtwert des Gebots im UG und im zweiten Fall die freiwillig angebotenen Minuten.
Bei der statistischen Analyse wurde mittels SPSS Statistics 25 (IBM Corp.) zwei einfaktorielle ANOVA mit einem Signifikanzniveau von 5% durchgeführt. So können die Daten der Geschmacksbedingungen im UG und der freiwilligen Minuten mit der Geschmacksbedingung verglichen werden.

Die Stichprobe beinhaltet 12 Versuchspersonen, von denen schließlich 11 Personen in die Analyse eingeschlossen wurden (die zwölfte Person wurde ausgeschlossen, da diese die Hypothese erraten hat). Die Versuchspersonen wurden zu Beginn ausschließlich in der MSB Medical School Berlin rekrutiert. Dabei wurde darauf geachtet, dass alle Probanden zwischen 18 und 60 Jahren alt sind, und dass sie noch nie an einem Geschmacktest teilgenommen haben oder an Nahrungsmittelallergien oder Diabetes leiden. 81% der Versuchspersonen sind Studenten der Psychologie. Der Altersdurchschnitt beträgt 22,73 Jahre, mit einer Standardabweichung von 2,76. 60% der Probanden sind weiblich, 40% männlich. Als Entschädigung erhalten die Versuchsteilnehmer eine Versuchspersonenstunde.

Der Versuchsablauf beinhaltet 8 verschiedene Schritte. Zunächst erhielten die Teilnehmer eine Teilnehmerinformation und eine Einverständniserklärung. Mit einem individuellen Code werden die Versuchspersonen zugeteilt und können nun fortwährend auf allen Papieren und im UG identifiziert werden.
Die anschließende zweite Zuordnung bezieht sich auf die Geschmacksbedingungen süß (Stimulus Vollmilchschokolade), salzig (Stimulus Salzstange) bzw. neutral (kein Stimulus), und geschieht zufällig mittels Lose. Somit gibt es drei Gruppen in der Studie („süß“ n=4, „salzig“ n=3, „neutral“ n=4).
Im dritten Schritt wurden den Versuchspersonen zur Ermittlung der individuellen Empathie-Werte der Saarbrücker Persönlichkeitsfragebogen (SPF) vorgelegt.
Nun erhält jeder Proband den Geschmacksstimulus und danach einen Fragebogen zur Geschmacksbeurteilung, sofern der Proband die Süß-Bedingung hatte. In

diesem Fragebogen werden die Valenz, der Zuckergehalt und die Süße des Stimulus beurteilt.
Nachfolgend im fünften Schritt wurde der Proband von einem zweiten Versuchsleiter gefragt, ob sie an einer zweiten eher uninteressanten Studie ohne jegliche Vergütung teilnehmen möchte, d.h. eine weitere Teilnahme basiert auf Freiwilligkeit. Mithilfe der genannten Minuten, die die Versuchsperson helfen würde, soll das prosoziales Verhalten getestet werden.
Nach der Antwort füllen die Probanden den "Positive and Negative Affect Schedule" (PANAS; deutsche Version; Krohne, Egloff, Kohlmann und Tausch, 1996) zur Beschreibung positiver bzw. negativer Gefühlszustände innerhalb der letzten 12 Monate aus.
Im Anschluss, im siebten Schritt, werden die Probanden in das UG (Güth, Schmittberger und Schwarze, 1982) eingeführt und spielen dieses danach an einem Computer. Die Aufgabe lag darin, einen Geldbetrag von 10 Einheiten zwischen sich selbst und einer anderen Person aufzuteilen. Insgesamt gab es 16 Durchgänge. Entgegen der Erwartung des Probanden, einer realen Person (da Photos von verschiedenen Personen gezeigt wurden) gegenüberzusitzen, wurde mithilfe eines Algorhytmus' entschieden, ob der Geldbetrag angenommen oder abgelehnt wird. Dabei stellten 3 Einheiten eine Grenze dar und ein Gebot darüber wurde immer akzeptiert und ein Gebot darunter immer abgelehnt. Bei einer Ablehnung bekam keiner der Teilnehmer Geld. Nach Abschluss aller Durchgänge wurden der Versuchsperson der Gewinn präsentiert und das Spiel beendet. Alle Daten werden auf einem USB-Stick gesichert.
Beim achten und letzten Schritt füllen die Probanden einen Fragebogen mit Angaben zu Alter, Geschlecht, Körpergröße und -gewicht und der Vermutung über die Hypothesen des Experiments aus. Wie bereits erwähnt, mussten wir daraufhin eine Versuchsperson ausschließen, da diese die Hypothese erraten hatte.

Die Wahl auf den SPF fiel, da er bzgl. einiger Unterfacetten mittlere bis hohe signifikante Korrelationen mit der "E-Skala: Fragebogen zur Erfassung von Empathie" (Silbereisen und Schulz, 1977) und den Gesamtscores des "Empathiefragebogen" (Schmitt, 1982) aufweist (Paulus, 2009). Außerdem besticht der SPF durch gute Kennwerte bzgl. der faktoriellen Validität und Reliabilität sowie der Itemtrennschärfen.

Trotz der geringen Test-Retest-Reliabilität habe ich aufgrund der Möglichkeit, positive und negative Affekte valide und ökonomisch erfassen zu können, den PANAS (Krohne et al., 1996) verwendet.

Das UG (Güth, Schmittberger und Schwarze, 1982) ist ein beliebtes Verfahren zur Operationalisierung von prosozialem Verhalten, da mehrfach belegt wurde, dass der Homo sapiens nicht nur an Gewinnmaximierung interessiert ist (Inaba et al., 2018). Des Weiteren ist belegt, dass Gefühle einen Einfluss auf das Treffen von Entscheidungen, haben können, und das UG ein legitimes Mittel für dessen Erfahrbarkeit ist (Harlé und Sanfey, 2007). Aufgrund dessen habe ich mich für das UG in der Studie entschieden.

4 Ergebnisse

Die Ergebnisse der ANOVA für die Geschmacksbedingungen und die angebotene Hilfe (Graphik 1) zeigen für die Gruppe „Süß“ M=17,5 mit einer SD von 15, für die Gruppe „Salzig M=11,67 mit einer SD von 12,58 und für die Gruppe „Neutral“ M=12,5 mit einer SD von 15. Die Unterschiede zwischen den Gruppen sind nicht signifikant.

In der zweiten Statistik analysieren wir die Geschmacksbedingung und das UG (Graphik 2). Die Gruppe „Süß“ weist einen M=3,31 mit einer SD von 0,32 auf, die Gruppe „Salzig“ einen M=4,17 mit einer SD von 1,15 und die Gruppe „Neutral“ einen M=3,95 mit einer SD von 0,67. Auch diese Ergebnisse sind nicht signifikant.

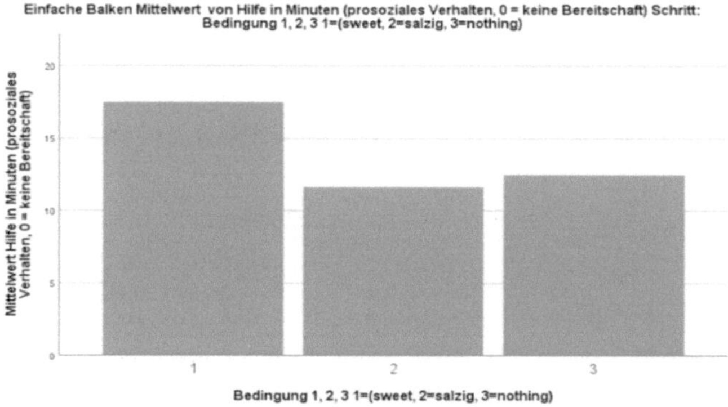

Graphik 1 (Geschmacksbedingung – Hilfe in Minuten)

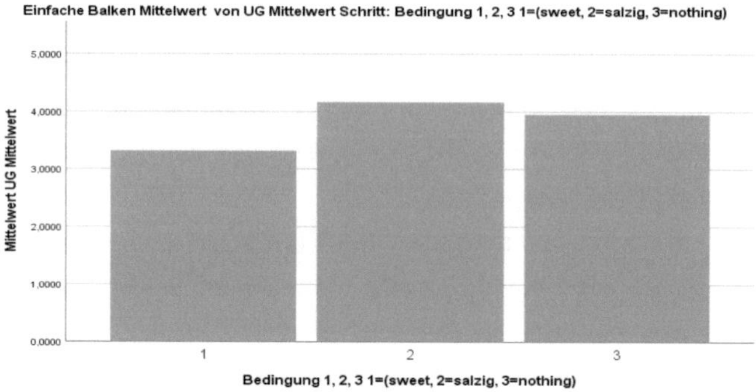

Graphik 2 (Geschmacksbedingung – UG)

Es zeigen sich also weder in der ersten noch in der zweiten ANOVA signifikante Ergebnisse, daher können beide Hypothesen verneint werden. Der Geschmack ist sowohl in Bezug auf das prosoziales Verhalten ($F(2,8)=1.78$, $p=0.84$; partielles $n^2=0.043$) als auch im UG ($F(2,8)=1.339$, $p=0.315$; partielles $n^2=0.251$) kein entscheidender Faktor bei der Urteilsbildung.

5 Diskussion

Wie durch die statistischen Analysen zu erkennen ist, sind die Alternativhypothesen H1 und H2 als abgelehnt zu betrachten. Daher habe ich auch keine weiteren Auswertungen angestellt, die eventuell tiefere Einblicke in den Zusammenhang zwischen Süße und Prosozialität gebracht hätten.

Dieses deutlich nicht signifikante Ergebnis ist für mich gerade in Anbetracht anderer Studienergebnisse (z.B. Chan et al., 2013; Ren et al., 2015) sehr überraschend. In diesen anderen Studien wurden evidente Zusammenhänge zwischen süßem Geschmack und objektiv beobachtbaren prosozialen Gefühlen und Verhalten, aber auch der Selbstbeschreibung bzgl. der Prosozialität, gefunden. Weiterhin sind diese Ergebnisse nicht nur in der Laborsituation vorzufinden, sondern auch in den Alltag übertragbar: die Menge alltäglicher prosozialer Gefühle variiert mit dem Konsum süßer Lebensmittel (Fetterman et al., 2017); auch Meier et al. (2012) konnten zeigen, dass Personen, die mehr süße Lebensmittel essen, nicht nur mehr prosoziale Gedanken und Intentionen haben, sondern diese auch ausagieren.

Nun könnte dieser Unterschied zum Einen daran liegen, dass unsere Stichprobe sehr klein war – 12 Teilnehmer, und nach Ausschluss der Person, die die Forschungsfrage erraten hat, noch 11 –, was uns von anderen Studien unterscheidet, an denen immer mindestens 37, aber auch bis zu 280 Probanden teilnahmen (Chan et al., 2013; Fetterman et al., 2017; Meier et al., 2011; Ren et al., 2015). Daher war die Wahrscheinlichkeit eines β-Fehlers vermutlich zu hoch und die Power zu gering. In einer nachfolgenden Studie sollte man daher vor Beginn der Studie geeignete Werte errechnen (z.B. mittels G-Power).

Zudem war unsere Stichprobe auch sehr homogen. Sämtliche Probanden sind Studenten der MSB Medical School Berlin, von denen wiederum 81% Psychologiestudenten sind. Dies führt zu einer geringeren Varianz führt, als sie in einer repräsentativen Stichprobe, geschweige denn in der Bevölkerung, vorhanden wäre.

Eine weitere plausible Idee zur fehlenden Signifikanz ist, dass die Antwort zur Frage nach der weiteren Teilnahme nicht ohne Weiteres hinnehmbar ist. Ich kann mir vorstellen, dass Probanden, die verneint haben, dies nicht aus fehlender Prosozialität getan haben, sondern einfach nicht die zeitlichen Möglichkeiten, o.Ä., haben. Andersherum ist es möglich, dass Probanden, die zugestimmt haben, dies als reinen „Freundschaftsdienst" sehen, denn es war weithin bekannt, dass die Forschungsgruppen (teilweise verzweifelt) nach Probanden für ihre Studien suchen. Diese Art der freundschaftlichen Prosozialität ist daher eventuell nicht übertragbar auf eine allgemeingültige Prosozialität, die ich ja untersuchen wollte.

Vergleichen kann man dies mit der Studie von Meier et al. (2011), die sich ebenfalls explizit diese Frage gestellt und in einer der Unterstudien ihrer Arbeit herausgefunden, dass Personen, die „Süß" mögen, mehr prosoziale Intentionen haben und häufiger freiwillig weitere Studien ausfüllten.

Bezüglich der tatsächlichen empirischen Untersuchung bzw. der Laborsituation sind auch zwei Dinge (bzgl. der Organisation und bzgl. des UG's) anzumerken. Zunächst war es uns aufgrund organisatorischer Gründe bzw. Aufwendungen nicht möglich, alle Probanden voneinander getrennt zu testen. Deshalb hätten die Teilnehmer herausfinden können, dass sie nicht alle die gleiche und einige eine neutrale

Geschmacksprobe hatten, und die Vorgabe, es handele sich um einen Geschmackstest, wäre gefährdet gewesen.
Zweitens gab es im UG konsequent eine Grenze von 30% des Gesamtbetrages. Innerhalb der 16 Versuche hätten die Probanden leicht herausfinden können, dass diese 3 von 10 Einheiten die Grenze waren, unter den sie nicht bieten sollten. So konnten die Teilnehmer bewusst den Betrag nach eigenem Willen verändern. Außerdem hätte dadurch leicht erkannt werden können, dass es sich beim Gegenüber nicht um eine reale Person handelt, sondern nur um Photos, und deshalb keine Prosozialität nötig ist. Weiterhin ist jedem Probanden bewusst, dass es sich beim UG nicht um eine reale Situation mit echtem Geld handelt, weshalb ihnen das Ergebnis wahrscheinlich nicht so wichtig war. So konnten die Ergebnisse leicht verfälscht werden.
Trotzdem haben Chan et al. (2013) herausgefunden, dass Probanden, die durch einen süßen Geschmack ein induziertes Glücksgefühl empfanden, einen höheren Betrag zur Verfügung stellten, als Personen, die sich eifersüchtig oder neutral fühlten. Daher besteht die Möglichkeit, dass trotz dieser Limitationen und des nicht signifikanten Ergebnisses das Potenzial vorhanden ist, dass Probanden im UG prosozialeres Verhalten zeigen, wenn sie mit einem süßem Geschmack geprimt wurden.
Zukünftig kann man dieses Problem leicht umgehen, indem man die Grenze von 30% des Gesamtbetrages nicht konstant einhält, sondern nur im Durchschnitt, und die Situation realistischer macht, indem man den Teilnehmer z.B. verspricht (oder auch nur behauptet), dass sie den Endbetrag ausgezahlt bekommen. So kann man dann mittels einer Analyse besser den Anteil der Prosozialität (bzw. Gewinnmaximierung) bestimmen und aussagekräftigere Daten berichten.

Aufgrund dieser Limitationen sowie starken methodischen Mängel (im Vergleich zu den anderen Studien), allen voran die Größe und Homogenität der Stichprobe, ist es nicht verwunderlich, dass die Ergebnisse der Studie nicht signifikant sind. Daher würde ich die Ergebnisse unsere Studie nicht als glaubwürdiger werten als die anderer Studien und auch keine Aussagen über die Relevanz für die Praxis aufstellen.

Wie bereits erwähnt, sollte aber zum Vergleich eine weitere, methodisch hochwertige Forschung angestellt werden, um studienübergreifende Schlüsse zu ziehen. Dazu gehört auch, dass man auf den Messzugang im Sinne der Bidirektionalität achtet. Der Ansatz anderer Studien (z.B. Chan et al., 2013; Ji et al., 2013) ist häufig das Fitting von dem Geschmack abhängig von der Emotion bzw. Prosozialität (also von abstrakt zu konkret); bei uns ist der Ansatz jedoch die Induzierung von Emotionen bzw. Prosozialität durch einen Geschmack (von konkret zu abstrakt).

6 Literaturverzeichnis

Barsalou, L. W. (1999). Perceptual symbol systems. *Behavioral and Brain Sciences 22,* 577–660.

Chen, B., Chang, L. (2012). Bitter struggle for survival: Evolved bitterness embodiment of survival motivation. *Journal of Experimental Social Psychology*, 579-582. doi:10.1016/j.jesp.2011.11.005

Chan, K. Q., Tong, M. W. E., Tan, D. H., & Koh, A. H. Q. (2013). What does love and jealousy taste like? *Emotion, 6,* 1142–1149. DOI: 10.1037/a0033758

Eskine KJ, Kacinik NA, Webster GD (2012) The Bitter Truth about Morality: Virtue, Not Vice, Makes a Bland Beverage Taste Nice. PLoS ONE 7(7): e41159. https://doi.org/10.1371/journal.pone.0041159

Fetterman, A. K., Meier, B. P., & Robinson, M. D. (2017). Dispositional properties of metaphor: The predictive power of the sweet taste metaphor for trait and daily prosociality. *Journal of Individual Differences, 38*(3), 175-188. http://dx.doi.org/10.1027/1614-0001/a000234

Gilead, M., Gal, O., Polak, M., & Cholow, Y. (2015). The role of nature and nurture in conceptual metaphors: The case of gustatory priming. Social Psychology, 46, 167–173. doi: 10.1027/1864-9335/a000238

Güth, W., Schmittberger, R., & Schwarze, B. (1982). An Experimental Analysis of Ultimatum Bargaining. *Journal of Economic Behavior and Organization, 3,* 367–388. https://doi.org/10.1016/0167-2681(82)90011-7

Harlé, K. M., Sanfey, A. G. (2007). Incidental Sadness Biases Social Economic Decisions in the Ultimatum Game. *Emotion*, Vol. 7, No. 4, 876–881. DOI: 10.1037/1528-3542.7.4.876

Inaba, M., Inoue, Y., Akutsu, S., Takahashi, N., & Yamagishi, T. (2018) Preference and strategy in proposer's prosocial giving in the ultimatum game. *PLoS One 13,* e0193877. doi: 10.1371/journal.pone.0193877

Ji, T.-T., Ding, Y., Deng, H., Jing, M., & Jiang, Q. (2013). Does "spicy girl" have a peppery temper? The metaphorical link between spicy tastes an anger. *Social Behavior and Personality: An International Journal, 41,* 1379–1385. http://dx.doi.org/10.2224/sbp.2013.41.8.1379

Krohne, H. W., Egloff, B., Kohlmann, C.-W., & Tausch, A. (1996). Untersuchungen mit einer deutschen Version der „Positive and Negative Affect Schedule" (PANAS). *Diagnostica, 42,* 139–156.

Lakoff, G. & Johnson, M. (1999). *Philosophy in the Flesh: The Embodied Mind and Its Challenge to Western Thought.* New York: Basic Books.

Lee, S. W. S., & Schwarz, N. (2012). Bidirectionality, mediation, and moderation of metaphorical effects: The embodiment of social suspicion and fishy smells. *Journal of Personality and Social Psychology, 103,* 737–749. DOI: 10.1037/a0029708

Meier, B. P., Moeller, S. K., Riemer-Peltz, M., & Robinson, M. D. (2012) Sweet taste preferences and experiences predict prosocial inferences, personalities, and behaviors. *Journal of Personality and Social Psychology, 102,* 163–174. DOI: 10.1037/a0025253

Paulus, C. (2009). Der Saarbrücker Persönlichkeitsfragebogen SPF (IRI) zur Messung von Empathie: Psychometrische Evaluation der deutschen Version des Interpersonal Reactivity Index. Publication from http://psydok.sulb.unisaarland.de/volltexte/2009/2363/

Ren, D., Tan, K., Arriaga, X. B., & Chan, K. Q. (2015). Sweet love: the effects of sweet taste experience on romantic perceptions. *Journal of Social and Personal Relationships, 32,* 905–921. DOI: 10.1177/0265407514554512

Schmitt, M. (1982). Empathie: Konzepte, Entwicklung, Quantifizierung *(Berichte aus der Arbeitsgruppe "Verantwortung, Gerechtigkeit, Moral" Nr. 9).* Trier: Universität Trier.

Silbereisen, R. K., & Schulz, W. (1977). Prüfung der Testgüte einer Empathie-Skala. *Diagnostica, 23,* 179-187.